〔第三辑〕

全景看·国之重器

5G通信

付国丰 著/ 孙宵芳 主编/ 张　杰 总主编

北方联合出版传媒（集团）股份有限公司
辽宁少年儿童出版社
沈阳

图书在版编目（CIP）数据

5G通信 / 付国丰著；孙宵芳主编. — 沈阳：辽宁少年儿童出版社, 2024.6
（AR全景看·国之重器 / 张杰总主编. 第三辑）
ISBN 978-7-5315-9829-9

Ⅰ.①5… Ⅱ.①付… ②孙… Ⅲ.①第五代移动通信系统—少年读物 Ⅳ.①TN929.538-49

中国国家版本馆CIP数据核字(2024)第106926号

5G通信
5G Tongxin

付国丰 著　孙宵芳 主编　张　杰 总主编
出版发行：北方联合出版传媒（集团）股份有限公司
　　　　　辽宁少年儿童出版社
出 版 人：胡运江
地　　址：沈阳市和平区十一纬路25号
邮　　编：110003
发行部电话：024-23284265　23284261
总编室电话：024-23284269
E-mail:lnsecbs@163.com
http://www.lnse.com
承 印 厂：鹤山雅图仕印刷有限公司

策　　划：胡运江 许苏葵 梁　严
项目统筹：梁　严
责任编辑：张　玢 张　晔
责任校对：段胜雪
封面设计：精一·绘阅坊
版式设计：精一·绘阅坊
插图绘制：精一·绘阅坊
责任印制：孙大鹏

幅面尺寸：210mm×284mm
印　　张：3　　　　字数：60千字
插　　页：4
出版时间：2024年6月第1版
印刷时间：2024年6月第1次印刷
标准书号：ISBN 978-7-5315-9829-9
定　　价：58.00 元

AR使用说明

1 设备说明

本软件支持Android4.2及以上版本，iOS9.0及以上版本，且内存（RAM）容量为2GB或以上的设备。

2 安装App

①安卓用户可使用手机扫描封底下方"AR安卓版"二维码，下载并安装App。

②苹果用户可使用手机扫描封底下方"AR iOS 版"二维码，或在App Store中搜索"AR 全景看·国之重器（第三辑）"，下载并安装 App。

3 操作说明

请先打开App，将手机镜头对准带有  图标的页面（P21），使整张页面完整呈现在扫描界面内，AR全景画面会立即呈现。

4 注意事项

①点击下载的应用，第一次打开时，请允许手机访问"AR全景看·国之重器（第三辑）"。

②请在光线充足的地方使用手机扫描本产品，同时也要注意防止所扫描的页面因强光照射导致反光，影响扫描效果。

丛书编委会

总 主 编 张 杰

分册主编（以姓氏笔画为序）

马娟娟　王建斌　孙宵芳　张劲文　赵建东

编　　委（以姓氏笔画为序）

马娟娟　王建斌　孙宵芳　张劲文　赵建东

胡运江　梁　严　谢竞远　薄文才

主编简介

总主编

张杰：中国科学院院士，中国共产党第十八届中央委员会候补委员，曾任上海交通大学校长、中国科学院副院长与党组成员兼中国科学院大学党委书记。主要从事强场物理、X射线激光和"快点火"激光核聚变等方面的研究。曾获第三世界科学院（TWAS）物理奖、中国科学院创新成就奖、国家自然科学二等奖、香港何梁何利基金科学技术进步奖、世界华人物理学会"亚洲成就奖"、中国青年科学家奖、香港"求是"杰出青年学者奖、国家杰出青年科学基金、中国科学院百人计划优秀奖、中国科学院科技进步奖、国防科工委科技进步奖、中国物理学会饶毓泰物理奖、中国光学学会王大珩光学奖等。并在教育科学与管理等方面卓有建树，同时极为关注与关心少年儿童的科学知识普及与科学精神培育。

分册主编

王建斌：中国航天科工集团有限公司二院二部正高级研究员、总设计师，工学博士，博士研究生导师，长期从事国家重点项目研制工作，在航天器研制、发射与测控领域积累了丰富的经验，曾获得国家科技进步特等奖2项、二等奖1项，省部级科技进步奖3项，享受国务院政府特殊津贴待遇，获得6项发明专利授权，发表学术论文20余篇。

马娟娟：科普作家、国防科普教育专家，海军首部征兵宣传片《纵横四海 勇者无界》编导。中国科普作协国防科普委员会委员、中国科普作协科普教育专业委员会副秘书长，长期从事海洋与国防科普传播工作，撰写多篇国防科普教育论文，创作多部科普作品。策划组织了庆祝人民海军成立70周年系列活动、海洋与国防科普全国青少年系列活动、"中科小海军"系列课程进校园活动等，所策划组织的多项活动获得中央电视台、新华社、中国教育网、科普中国、科技日报、全军融媒体关注及报道。

张劲文：教授、教授级高级工程师，工学博士，管理学博士后，博士研究生导师，现任广州航海学院党委委员、副校长，广东省近海基础设施绿色建造与智能运维高校重点实验室主任，曾任港珠澳大桥工程总监，享受国务院政府特殊津贴待遇，"全国五一劳动奖章""中国公路青年科技奖"获得者，并获"广州市优秀专家"称号。科研成果获广东省科技进步特等奖、教育部科技进步一等奖等奖项共10项。

孙宵芳：北京交通大学电子信息工程学院副教授，信息与通信工程博士，研究生导师，长期从事5G通信、5G物理层研发、无线资源优化管理、非正交多址技术、无人机无线通信技术、铁路专用移动通信的研究，主持和参与多项国家自然科学基金、国家自然科学重点基金、重点研发计划等项目。

赵建东：中国自然资源报社融媒体中心主任、首席记者，长期跟踪我国极地事业发展报道。2009年10月—2010年4月，曾参加中国南极第26次科学考察，登陆过中国南极昆仑站、中山站、长城站三个科考站，出版了反映极地科考的纪实性图书 ——《极至》。2021年，牵头编著出版"建设海洋强国书系"，且该书系被评为全国优秀科普图书。其作品曾获第23届中国新闻奖，在2016年、2018年两次入围中国新闻工作者最高奖"长江韬奋奖"最后一轮。

　　我国科技正处于快速发展阶段，新的成果不断涌现，其中许多都是自主创新且居于世界领先地位，中国制造已成为我国引以为傲的名片。本套丛书聚焦"中国制造"，以精心挑选的六个极具代表性的新兴领域为主题，并由多位专家教授撰写，配有500余幅精美彩图，为小读者呈现一场现代高科技成果的饕餮盛宴。

　　丛书共六册，分别为《天问一号》《长征火箭》《南极科考》《和平方舟》《超级港口》《5G通信》。每一册的内容均由四部分组成：原理、历史发展、应用剖析和未来展望，让小读者全方位地了解"中国制造"，认识到国家正在日益强大，从而增强民族自信心和自豪感。

　　丛书还借助了AR（增强现实）技术，将复杂的科学原理变成一个个生动、有趣、直观的小游戏，让科学原理活起来、动起来。通过阅读和体验的方式，引导小朋友走进科学的大门。

　　孩子是国家的未来和希望，学好科技，用好科技，不仅影响个人发展，更会影响一个国家的未来。希望这套丛书能给小读者呈现一个绚丽多彩的科技世界，让小读者遨游其中，爱上科学研究。我们非常幸运地生活在这个伟大的新时代，我们衷心希望小读者们在民族复兴的伟大历程中筑路前行，成为有梦想、有担当的科学家。

中国科学院院士

目 录

简单地说，通信就是把信息从一个人传给另一个人所使用的办法。

原始人类用手势、表情、动作、声音等手段传递信息，信息的内容往往不够准确、具体。后来人类学会了说话，但是语言的作用范围有限，为了克服距离对信息的阻隔，古人使用了烽火、风筝、快马、信鸽等手段。

把电应用于信息传递是人类信息传递手段的一次质的飞跃。有线电报、有线电话等的出现，使信息传递的速度和范围急剧扩大，整个地球都随之"变小"了。

而通信技术和互联网的融合则是又一次质的飞跃。移动通信登上了互联网平台，传递的信息不再局限于语音、文字，图片、视频等各种类型的文件如海浪一般在信息传递网络中奔腾不息。

移动通信技术历经发展变革，从1G到5G只用了大约40年时间，且呈现加速发展趋势。5G技术应用场景广泛，在社会生活、经济金融、军事国防等领域扮演着越来越重要的角色。

你肯定没见过1千克重的手机。把它放在你的面前，你可能要问：这是手机还是砖头？其实，在1G时代，手机确实像砖头一样笨重。

1G的G，指的是"generation"，也就是"代"的意思，1G的含义就是第一代移动通信技术。第一代移动通信技术产生于20世纪80年代，采用的是模拟技术。1G系统的缺点明显：只能传送语音、通话质量差、容易被干扰和偷听。

那时候的代表性产品，就是重达900多克的摩托罗拉3200手机，俗称"大哥大"。"大哥大"不但售价高，入网费和通话费也很贵，有一定经济实力者才能使用，因此难以普及。

我国的第一代移动模拟通信系统是在1987年开通并开始商用的，并于2001年关闭。1G系统在我国应用了14年，用户数量曾达到660万。

大哥大

诺基亚

第二节 可以用手机上网了

　　2G，第二代移动通信，1991年在芬兰实现了商用。2G采用的是数字调制技术，比1G系统容量大，通话质量高，保密性好。2G手机除了可以语音通话外，还可以发送短信。

　　2000年，诺基亚7110手机在我国上市。这是世界上第一款支持WAP（无线应用协议）的手机。WAP是移动通信和互联网结合的产物，它可以让使用者使用手机上网。因为带宽的限制，也就是信息传输通道狭窄，WAP网站相对比较简洁，功能也不多。但是在那个年代，这也是件新鲜事儿呢。

　　2002年，我国推出了彩信业务。彩信除了可以发送文字，还可以发送图片、声音、动画。

　　截至2020年，我国在网的2G网络用户仍有2.73亿。当时，这个数量正在随着2G服务的陆续关闭而下降。

手机变"聪明"了

第三代移动通信技术出现后,手机变得"聪明"了。与2G相比,它可以更好地在全球实现无缝漫游,还能够提供网页浏览、电话会议、电子商务等多种信息服务。用户通过手机看图片、听音乐、看视频都变得更加便捷了。

而更有里程碑意义的是，在国际电信联盟确定的3G通信的三大主流无线电接口标准中，第一次出现了我国制定的标准：TD-SCDMA。

这意味着什么？

当我们没有资格参加标准制定的时候，要进入国际移动通信领域，必须向国外的公司支付非常高昂的专利费。而当我们能够制定标准，不但可以少支付专利费，还可以向外国公司收取专利费。这标志着我国在移动通信领域已进入世界领先者行列。

2009年初，我国移动通信行业正式进入3G时代。2014年，我国3G用户已超4亿。

3G时代使用的是智能手机，支持用户自行安装各种应用，有代表性的手机包括诺基亚6650、iPhone 4、魅族M8等。

知识点

什么是通信标准

通信标准指的是两个实体间进行通信，其接口只有符合一定的规则，按照标准研制的通信设备才能实现互联互通。国际间负责制定通信标准的，是国际通信行业标准化组织，5G标准就是在这个组织的主导下制定的。

"电视电话" 变成了现实

4G通信技术是对3G技术的改良，使通信信号更加稳定、数据传输速率得到提高、兼容性更好、通信的质量也更好、网络覆盖能力增强。4G在图片、视频的传输上可以实现原图、原视频传输，传输质量与电脑相同，下载速度可达100Mbps。

这些技术的进步让更多的应用得以进入4G终端，比如过去出现在科幻小说中的"电视电话"，也就是即时视频通信，就通过各种应用在4G手机等移动终端变成了现实。

4G时代是真正的移动互联网时代，大量基于视频的业务开始爆发。视频点播成为互联网视频的主要业务，而直播的出现则极大地影响了人们娱乐和交

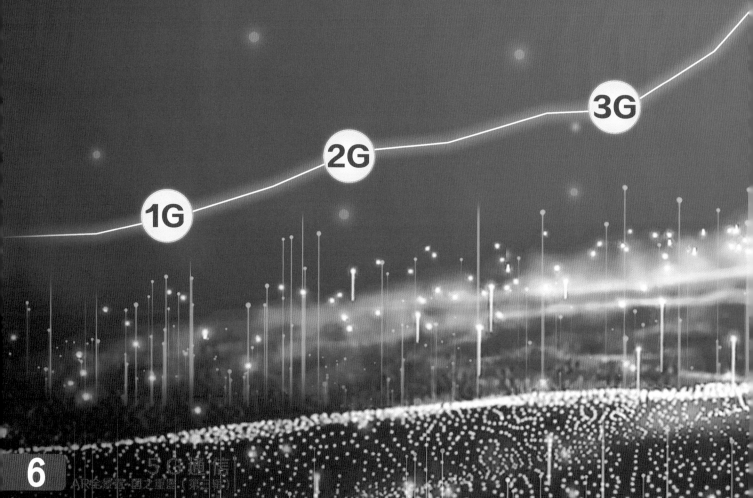

流的模式。

　　2010年，我国主导制定的TD-LTE-Advanced和其他国家主导的FDD-LTE-Advanced同时成为4G国际标准，这标志着中国在移动通信标准制定领域再次走在了世界前列。

　　截至2020年，我国的4G用户达12.89亿。

1 五花八门的移动终端

移动互联网的迅速发展带来了移动终端产品的爆发式增长。4G时代的移动终端除智能手机外，还有平板电脑、笔记本电脑、智能手表、智能记录仪、智能摄像机、智能音箱等产品。

当然，最常见的移动终端仍然是智能手机。4G时代的智能手机集成了在线视频、手机游戏、电子商务、家居设备操控等功能，手机与电脑的差异越来越小，手机的屏幕则越做越大，向全面屏和折叠屏方向发展。

我国的国产4G手机也在这场爆发中取得长足发展，华为、小米、VIVO、OPPO等品牌在国内外市场上都取得了优异的成绩。

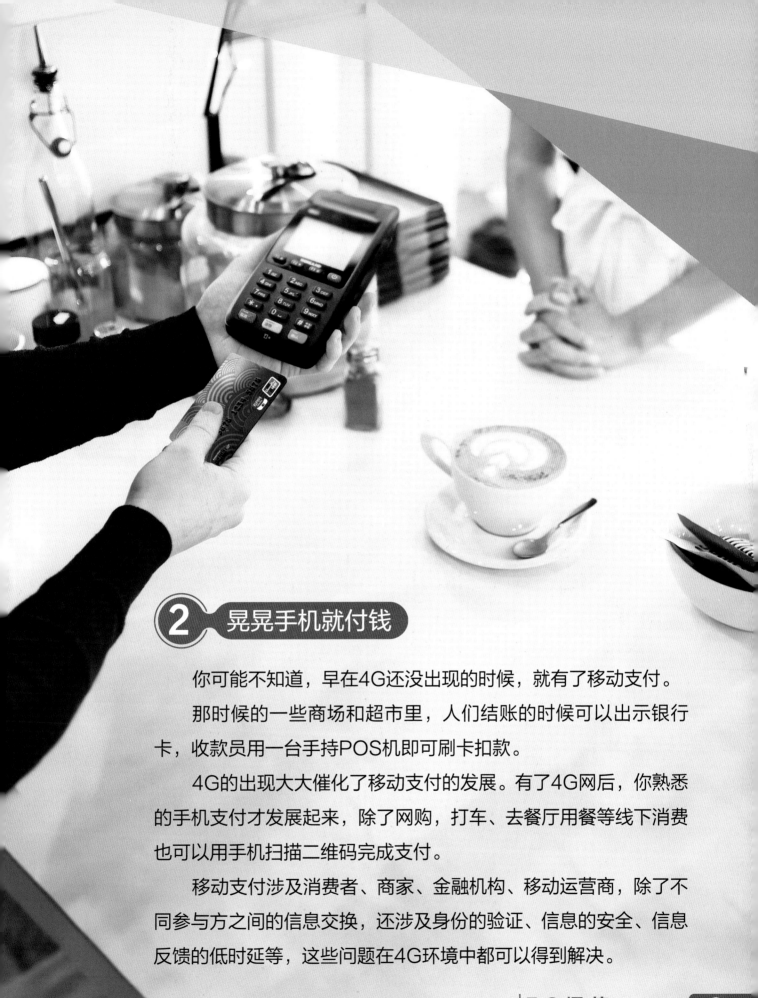

② 晃晃手机就付钱

你可能不知道，早在4G还没出现的时候，就有了移动支付。

那时候的一些商场和超市里，人们结账的时候可以出示银行卡，收款员用一台手持POS机即可刷卡扣款。

4G的出现大大催化了移动支付的发展。有了4G网后，你熟悉的手机支付才发展起来，除了网购，打车、去餐厅用餐等线下消费也可以用手机扫描二维码完成支付。

移动支付涉及消费者、商家、金融机构、移动运营商，除了不同参与方之间的信息交换，还涉及身份的验证、信息的安全、信息反馈的低时延等，这些问题在4G环境中都可以得到解决。

5G并不是简单的网速提升，它可以实现万物互联，从而深刻地影响我们的生活环境和生活方式。许多行业因之发生变化甚至革命，将来还会有新的行业因之诞生。

第一节 做到什么才算5G

5G的标准是：

5G蜂窝设备将允许单个移动基站达到至少20Gbps的下行速率和10Gbps的上行速率，如果一个小区的所有用户共享20Gbps的传输速率，5G也能至少支持每平方千米100万用户。

1 标准也在不断"进化"

5G的标准是分阶段制定、不断演进的。

国际移动通信标准化组织正式批准R15标准冻结，这意味着5G完成了第一阶段全功能标准化工作。R15定义了5G的基本框架，提出增强移动宽带（eMBB）、高可靠低时延（uRLLC）、海量机器类通信（mMTC）三大典型应用场景，重点关注增强移动宽带场景。

〉2018年

〉2020年

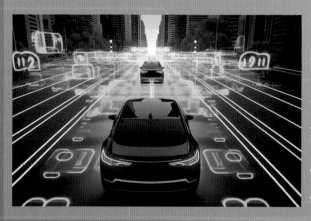

R16标准冻结，标志5G第一个演进版本标准完成。R16重点关注高可靠低时延场景，不仅增强了5G的功能，还更多兼顾了成本、效率、效能，使通信基础投资发挥更大的效益。

2018
-
2022

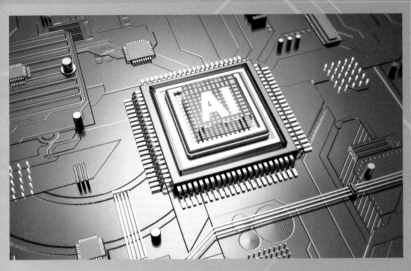

R18首批课题立项。R18的重点将集中在人工智能、物联网和工业互联网等领域。

〉2021年末

〉2022年

R17标准冻结，标志着5G第二个演进版本标准正式完成。R17重点关注中高速率下的大连接物联场景。

2 听听我们怎么说

　　在1G、2G时代，我国没有机会参与标准的制定。1999年，中国无线通信标准研究组加入国际移动通信标准化组织，参与并制定了3G的TD-SCDMA标准；而4G时代我国是标准的主要制定方之一。到了5G时代，中国企业的话语权进一步增加。

　　R15标准的制定中，华为技术有限公司等中国通信企业主推的Polar码成为5G增强移动宽带场景的控制信道编码方案。这是我国在无线通信标准制定中取得的重大突破。

　　在R16标准的制定中，中国的很多机构和企业贡献巨大，如中国信通院、中国移动通信集团有限公司，以及华为技术有限公司、中兴通信股份有限公司

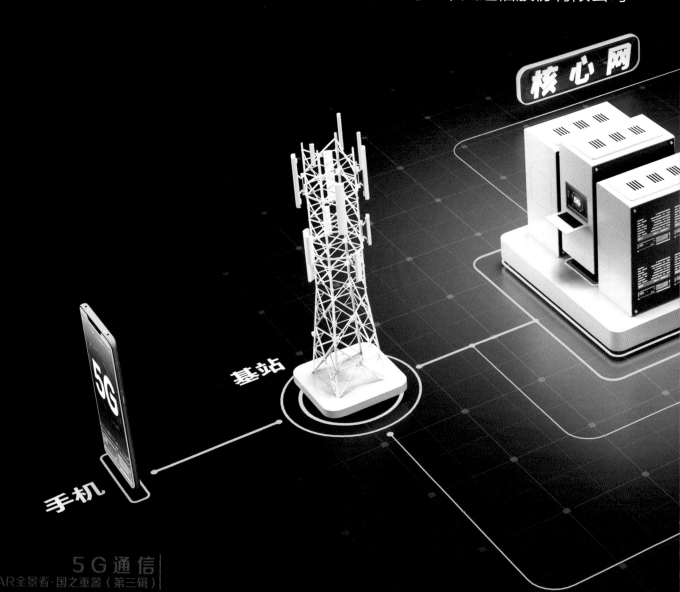

等。其中中国移动提交技术提案3000余篇，占全球运营商提案总数的三成以上，主导完成15项技术标准制定工作；OPPO共输出文稿1500余篇，联合主导了终端关心的多天线空中接口（MIMO OTA）技术的研究，并成功转化成标准化项目。

在R17标准的制定中，中国移动全面深入参与，技术提案总量达3000余篇，主导立项30余项，在技术贡献和标准影响等方面做出了突出贡献。

目前，中国企业在5G标准制定中的技术贡献度超过了50%。不仅在标准制定方面，我国在5G的技术测试和频谱规划等方面均处于世界领先水平。

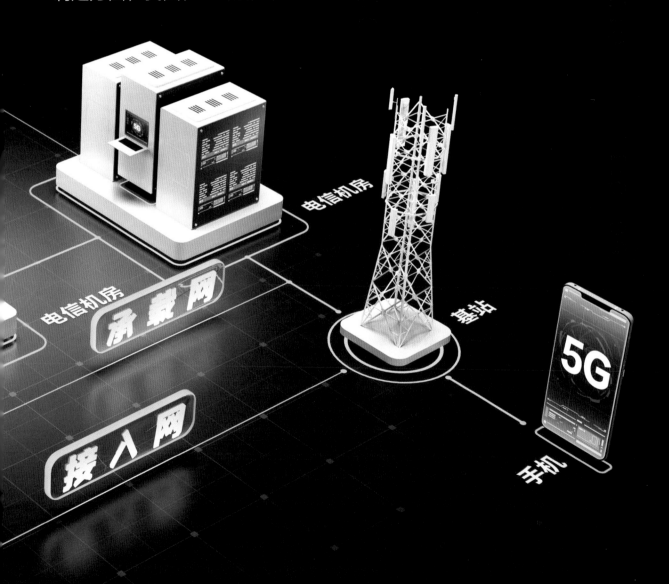

知识点

标准必要专利

标准必要专利是指包含在国际标准、国家标准和行业标准中，且在实施标准时必须使用的专利。它是不可替代的，在技术层面是无法绕开的。谁在5G技术专利上有优势，其他企业在5G落地的时候就要向谁支付专利费。

5G标准必要专利技术方向包括无线资源管理、接入技术、多载波传输、信道编码、核心网、下一代接入网等。

当前全球声明的5G标准必要专利共21万余件，涉及4.7万项专利族。其中中国声明1.8万项专利族，占比40%，全球排名第一。在经历1G空白、2G跟随、3G突破、4G同步的数十年历程后，中国在5G通信产业中已取得显著成绩。

我国的华为技术有限公司声明的5G标准必要专利占比14%，全球排名第一，现已成为5G的领军企业。

第二节 5G的核心是基站

5G基站是5G网络的核心设备。它提供无线覆盖，实现有线通信网络与无线终端之间的无线信号传输。

5G基站分为宏基站和小基站。宏基站覆盖室外区域，每隔三四百米就需要建一个宏基站。小基站体积小、重量轻，可以灵活安装，特别是室内区域，用来补充宏基站信号覆盖不到或者信号被阻挡的死角。

截至2023年10月底，我国已建成5G基站321.5万个，是全球首个基于独立组网模式规模建设5G网络的国家。

1 华为基站，逆风上扬

华为技术有限公司是全球5G基站的主要供应商之一，其5G基站的发货量已超120万个。

在国际通信领域，西方国家曾经处在统治地位，而华为的出现打破了西方的垄断。近年来华为在5G技术上的领先优势越来越大。

2022年华为的5G等运营商业务营收超2800亿元，远超过爱立信、诺基亚等竞争对手。

5G通信

2 刀片式基站

　　你也许在自家小区的某处看见过固定着几个盒子的长杆，那很可能就是安装基站的抱杆。

　　对于5G运营商而言，经常遇到的问题是5G天线找不到合适的位置安装。因为成本、空间等问题，5G基站需要在原有站址上叠加部署。从2G到5G，设备共站共存导致天面空间不足，影响5G的高效运行。

　　2021年，华为发布的5G超级刀片站A+P 2.0天线商用网络有效地解决了这个问题。它的安装通过模块化和零件复用，使运营商可以灵活搭建5G基站，挂高提升13米，大幅度提升了信号覆盖范围。高集成、高性能的5G极简站点有望成为未来网络的主流。

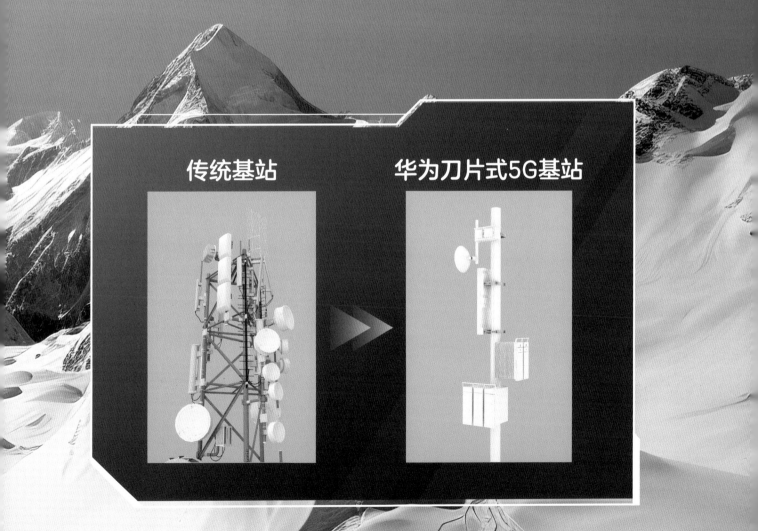

传统基站　　　　华为刀片式5G基站

我们会在哪里用到5G呢？

国际电信联盟定义了5G三大类应用场景，分别是增强移动宽带、超高可靠低时延通信和海量机器类通信。

我们在手机上看电影、看短视频，使用的流量比以往不知多了多少倍。增强移动宽带就是为了应对我们对流量的巨大需求，为我们提供更加极致的应用体验。超高可靠低时延通信主要面向工业控制、远程医疗、自动驾驶等对时延和可靠性具有极高要求的垂直行业应用需求。也就是说，当你有一天接受医生的远程诊疗甚至手术的时候，不至于因为信号延迟而遇上麻烦。海量机器类通信主要面向智慧城市、智能家居、环境监测等以传感和数据采集为目标的应用需求。不久的将来，你的手机、电脑，你家的冰箱、电视机、热水器等设备将频繁互相"通话"传递信息，这么多机器之间的通信问题也要靠5G技术来解决。

第一节 VR和AR

VR和AR这两个词你肯定已经不陌生了。VR/AR是融合了近眼现实、感知交互、渲染处理、网络传输和内容制作等新一代信息技术的产物。VR/AR业务对带宽、时延要求逐渐提升，速率从25Mbps逐步提高到3.5Gbps，时延从30ms降低到5ms以下。

5G超宽带高速传输能力可以满足VR/AR的业务要求，解决VR/AR渲染能力不足、互动体验不强和终端移动性差等问题，并在各个领域培育5G应用，比如：

VR游戏

随着5G的时延缩减，VR游戏带来的晕眩感也在减少，操作更加即时直接，这对于攻击对战及运动等游戏尤其重要。玩家如身临其境般，真实感大大提升。

演唱会、体育比赛

通过5G高速稳定的网络配以VR技术，可以令众多球迷、乐迷在网络上同一时间观赏精彩的赛事或演出，并透过360度环绕景象，感受如同置身于现场。

电视晚会

5G AI+VR裸眼3D技术，使用全景虚拟场景打破传统舞台效果，让观众体验沉浸式视觉盛宴。

旅游

一些旅游景区或展馆会制作高质量的宣传影像上传到官网，配合VR眼镜观看，能够实现"云"参观。

医疗

国内5GVR医疗应用于VR探视、远程会诊、远程手术、教育培训、康复训练、临床辅助等几大方面。

工业

VR在工业领域的应用十分广泛，涉及工业培训、企业巡检、远程作业指导、虚拟仿真演练等方面。结合VR全景相机采集到的画面，可全方位、多角度巡检生产线现场设备，工程师还可通过穿戴VR设备进行远程作业指导。

教育

在三维虚拟环境中，学生通过视觉、听觉、行为交互来理解知识点，能够更好地吸收知识。

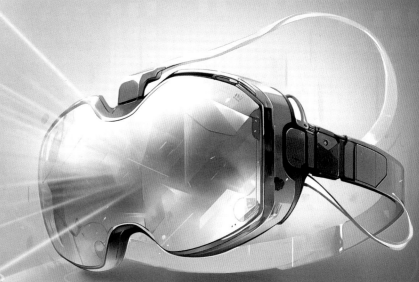

第二节 超高清视频

你一定在商场、广场之类的地方看到过大屏幕。它们动不动几米、十几米长，而上面显示的图像却仍然很清晰。这就是超高清视频。

超高清视频技术也被称作4K或8K。按照产业主流标准，4K、8K视频传输速率分别为12-40Mbps、48-160 Mbps，5G网络良好的承载力成为满足该场景需求的有效手段。

当前4K、8K超高清视频与5G技术结合的场景不断出现，包括多屏多视角、自由视角、自由缩放、2D转3D、8K VR、VR音乐、裸眼VR等，广泛应用于大型赛事、活动直播，以及视频监控、商业性远程现场实时展示等领域。

第二节 车联网

人们每天都在接触网络，你知道吗？汽车也会上网，而且"网瘾"极大，一秒钟也离不开网络。

车联网通过5G等通信技术实现"人、车、路、云（云控制系统）"一体化协同。车联网体系融入5G技术后，能实现车内、车际、车载互联网之间的信息互通，推动与高可靠低时延密切相关的远控驾驶、编队行驶、自动驾驶等具体场景的应用。

远控驾驶

即车辆由远程控制中心的司机进行控制。5G技术满足其往返时延(RTT)小于10ms的条件。这样，在远程控制中心的司机踩刹车的时候，被控制的汽车不会因为延迟刹车而撞到人。

编队行驶

目前主要应用于载重列车、卡车或货车。车辆编成队伍，通过相关系统统一调控，能够提高运输效率，保障行驶安全。对于较长的编队，车辆间消息传播的用时也较长，需要使用5G网络。

自动驾驶

自动驾驶的大部分应用场景都对网络有很高的要求，如紧急刹车时，车与互联网、车与车、车与基础设施、车与行人等多路通信同时进行，因此数据采集及处理量大，需要5G网络满足其大带宽、低时延、超高连接数、高可靠性和高精度定位等条件。这也是将来无人驾驶车辆安全的技术保障。

5G 通 信
AR全景看·国之重器（第三辑）

第四节 网联无人机

你一定看过精彩的无人机表演。在夜空中，几百、上千架无人机拼成各种图案，并且不断变换。它们能做到各司其职，不互相碰撞，靠的就是5G技术把它们联结成网。

这些网联无人机除了表演外，还能做很多事。它们可以传送从不同角度拍摄的超高清视频；可以通过远程联网协作完成电力设施巡检、交通巡逻等任务；还可以离开飞手的操作，按照数据库中的航线经纬度和高度自主飞行。

不远的将来，网联无人机可以胜任农药喷洒、城市安防、森林防火、大气取样、地理测绘、环境监测、交通巡查、物流配送、VR直播、演艺直播等各种工作，为我们的生活带来更多的便利。

第五节 医生在远方

在一些中小城市、乡镇、村庄，医疗条件有限，很多患者不得不到大城市的医院就医，导致大城市的医院总是人满为患。

在不远的将来，借助5G、人工智能、云计算技术，医生可以通过基于视频与图像的医疗诊断系统，为患者提供远程实时会诊、应急救援指导等服务。

远程会诊

5G网络支持4K或8K的远程高清会诊和医学影像数据的高速传输与共享，方便专家随时随地开展会诊，提升诊断准确率和指导效率。

远程超声

5G的毫秒级时延特性，支持上级医院的医生操控机械臂对基层医院的患者开展超声检查。

远程手术

医生和患者处于不同的地理位置，5G网络的低时延和稳定性让手术操作更精准，为手术安全进行提供保障。

应急救援

通过5G网络实时传输现场伤患受伤情况、伤患位置、救护车前方路况等关键信息，便于医护人员实施远程会诊和远程指导，还可以让医院提前做好应急准备，提升救治效率。

远程教学

如5G手术示教，通过对医院手术相关病例的直播、录播等形式对医护人员进行教学培训，旨在提高外科相关科室医护人员案例经验及实操水平。

远程监护

　　远程监护系统可以实现对穿戴监护设备的患者进行生命体征信息的采集、处理和计算，并将数据传输到远端监控中心，远端医护人员可实时查看患者当前的状态，做出及时的健康判断和处理。

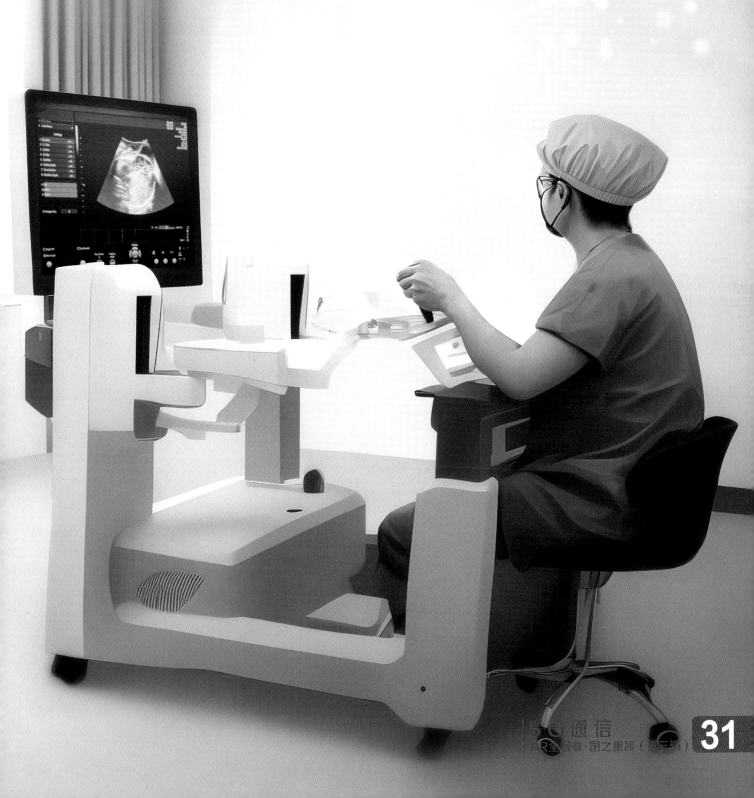

第六节 智能工厂

现在有一种工厂，厂里几乎看不到工人，却可以夜以继日地生产，而且夜里甚至不需要开灯，成了"黑灯工厂"。这也是5G技术的功劳。

在智能工厂中，进行生产的机械手臂、工业机器人、搬运零件和产品的自动小车等都接入了5G网络，反映它们状态的数据会被实时传送到工业互联网平台，工业互联网平台像大脑一样协调、指挥所有的机器、设备。智能工厂就像一个"人"一样可以进行自主生产，一旦出现偏差还能及时纠正。

5G技术可以给工厂内所有的设备精确定位，并且让它们能随时"沟通"，这就使机械臂、自动小车等各种设备在运动时不会发生碰撞，从而提高工作效率。

智能工厂可以降低生产成本，缩短生产和产品交付的时间，减少工作强度，节省人力。

目前，我国已建成了2000多个数字化车间和智能工厂。

第七节 智能安防

你知道吗？无处不在的智能安全防范系统正在保护我们的安全。

智能安防以视频监控图像应用为核心。5G网络能有效提升现有监控视频的传输速度和反馈处理速度，使智能安防的功能更加强大，做出更多、更有效的安全防范措施。

比如说，安防监控范围将进一步扩大，在高铁、公交车、救护车等移动的交通工具上的实时监控将成为可能，在一些监管人员无法接近的危险环境开展监测的成本将大幅下降。5G的出现，使智能安防在各行各业得到了广泛的使用。

欢迎来到您的衣柜

第八节 个人AI设备

也许有一天，你的衣服、帽子甚至鞋子都会说话，给你提供各种各样的信息甚至建议。这并不是空想，5G使个人AI设备逐渐成为可能。

个人AI设备能够成为我们的伙伴、助手，当把5G技术应用在个人AI设备中时，就像是给在地面飞奔的骏马插上了翅膀。借助5G的大带宽、高速率和低时延的优势，我们的AI伙伴、助手可以充分利用云端的大数据，更快、更准确地帮助我们解决生活中遇到的各种问题，为我们提供娱乐、金融、社交等服务。

另外，对于视障、听障人士等特殊人群，连接了5G的个人AI设备可以帮助他们实现语音和文字的互换、放大声音降低噪声、震动避障等，提高他们对环境的适应度。

这些结合5G技术的AI个人设备已经在开发中，在不远的将来就会走进我们的生活。

5G通信
AR全景看·国之重器（第三辑）

　　5G的应用现状和前景已经很令人兴奋了，那么6G又会是什么样子的呢？6G网络时代将是地面无线与卫星通信集成的全连接时代，6G技术将与人工智能等新一代网络信息技术加速融合，进而推动社会各产业的创新发展。

　　6G通信技术不是简单的网络容量和传输速率的突破，它将在5G的基础上由"万物互联"走向"万物智联，数字孪生"。2019年，全球首份6G白皮书《无处不在的无线智能——6G的关键驱动与研究挑战》发布。白皮书中指出，6G的大多数性能指标相比5G将提升10~100倍。

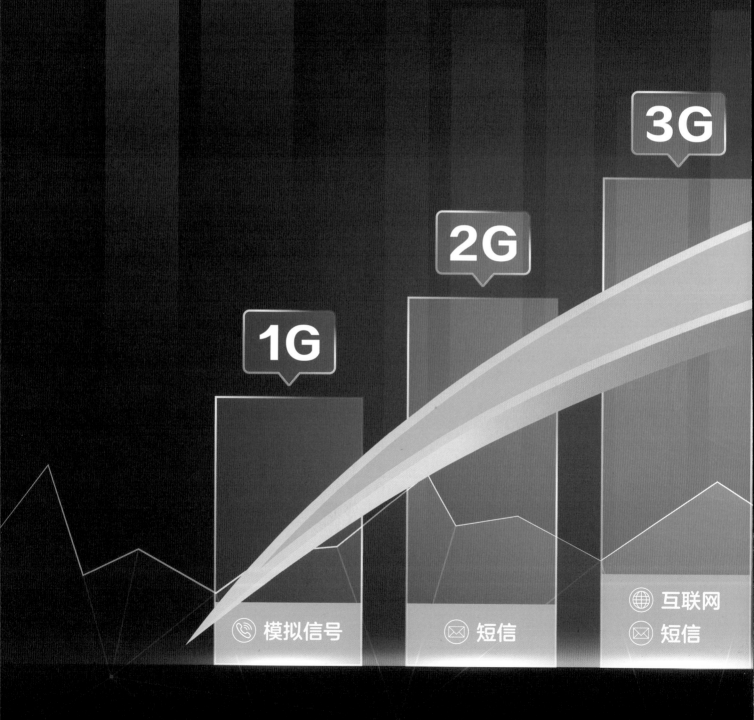

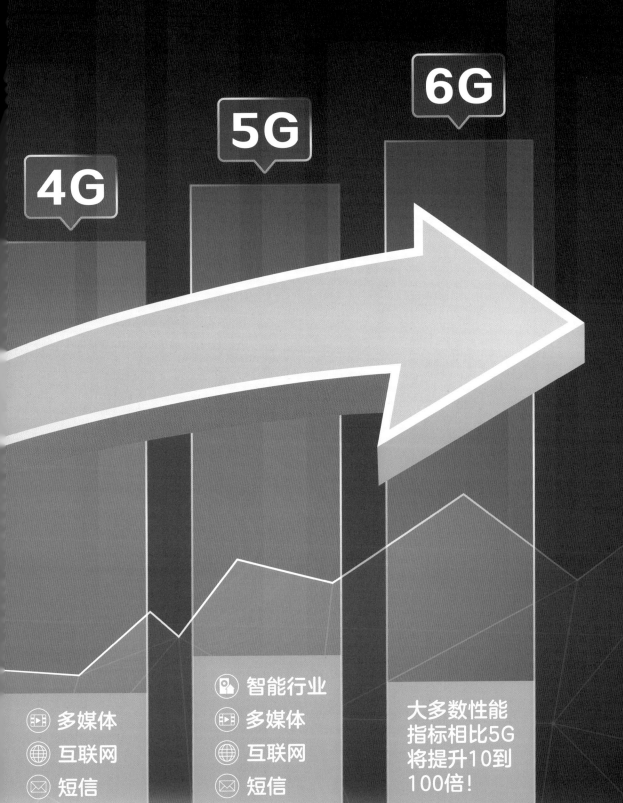

4G

5G

6G

多媒体
互联网
短信

智能行业
多媒体
互联网
短信

大多数性能
指标相比5G
将提升10到
100倍！

中国领跑

2018年，我国已经开始着手研究6G。2019年以来，众多高校和企业对6G涉及的技术展开研究。

2021年11月16日，工信部发布《"十四五"信息通信行业发展规划》，将开展6G基础理论及关键技术研发列为移动通信核心技术演进和产业推进工程，提出构建6G愿景、典型应用场景和关键能力指标体系，鼓励企业深入开展6G潜在技术研究，形成一批6G核心研究成果。

2022年，有专业调查机构公布了6G领域的重要数据，全球有约50%的专利申请量来自中国，并且有九成都是核心的技术。美国仅为35.2%，排在第二，而排在第三的日本占比仅为9.9%，中国依然是6G时代的领跑者。

让我们期待6G智能连接时代的到来吧！